AF267260

4° T¹² a
64

AF267260

Ta 12
64

Rés.

REQUISITION
N. 42516

DESCRIPTION ET DE-
monstration des membres interieurs de
l'homme & de la femme, en vnze tables pourtraictes
au naturel, selon la vraye Anatomie de ANDRE VESAL,
Philosophe, & Docteur en Medecine.

A LYON,
PAR CLEMENT BAVDIN.
M.D.LXIX.

Premiere figure, auec ses lettres,
& declaration d'icelles.

EN CESTE premiere figure est suffisamment figurée ceste partie du corps humain selon la situation du Peritone, c'est à dire, d'icelle membrane, dont toutes les entrailles sont enueloppées. Pourtant est ce, qu'en ceste figure, la partie premiere ou anterieure du Peritone est demonstrée, selon l'ordonnance de l'incision: & les huit Muscles du ventre sont totalement ostez, sans aucune incision ou entretaillure dudit Peritone.

A AB C D En ces lettres est comprins le Peritone & constitué deuement en sa figure.

E E La ligne descendante de l'oz cartilagineux de la poitrine (lequel resemble à la pointe d'vne espée) iusques à la conionction de l'oz du Penil, communement appelé, *Os pubis*: à laquelle ligne croissent de bien pres les Muscles nerueux du ventre, lesquels descendent, vont contremont, & de trauers.

F Le nombril, lequel en faisant nostre dissection auons gardé en son entier, ayant premierement osté les huit Muscles du ventre, pour plus amplement veoir la figure du Nombril.

G Les vaisseaux seminaires ou spermatiques du costé senestre, encore enueloppez de leur membrane ou Pannicule, lequel ils empruntent du Peritone.

H Les vaisseaux seminaires du costé dextre.

I Les veines & arteres qui sont principalement envoyées à la partie inferieure des Muscles du ventre desquels vous voyez icy vne partie dependante.

K Vne veine & vne artere, lesquelles se descouurent souz l'oz de la poitrine, & de là, descendantes en la partie anterieure du ventre, sont adioints aux Muscles dextres du ventre, lesquelles s'espardent sus la partie superieure du ventre, comme celles que nous auons marquées de la lettre I. lesquelles s'estendent en la partie inferieure du ventre, laquelle est prochaine à l'oz du Penil, autrement dit, *Os pubis*.

L Branchettes des veines qui s'espardent au costé du Peritone, & procedent de la veine, sans compagnon: ou bien ont leur origine de la gibbosité de *Vena caua*, illec là ou elle est adiointe aux reins.

M Vne partie des Muscles trauerçans ostée du Peritone, & ainsi renuersée.

N L'oz des reins, autrement, *Os ancha*, descouuert, auquel sont attachez les Muscles trauerçans du ventre.

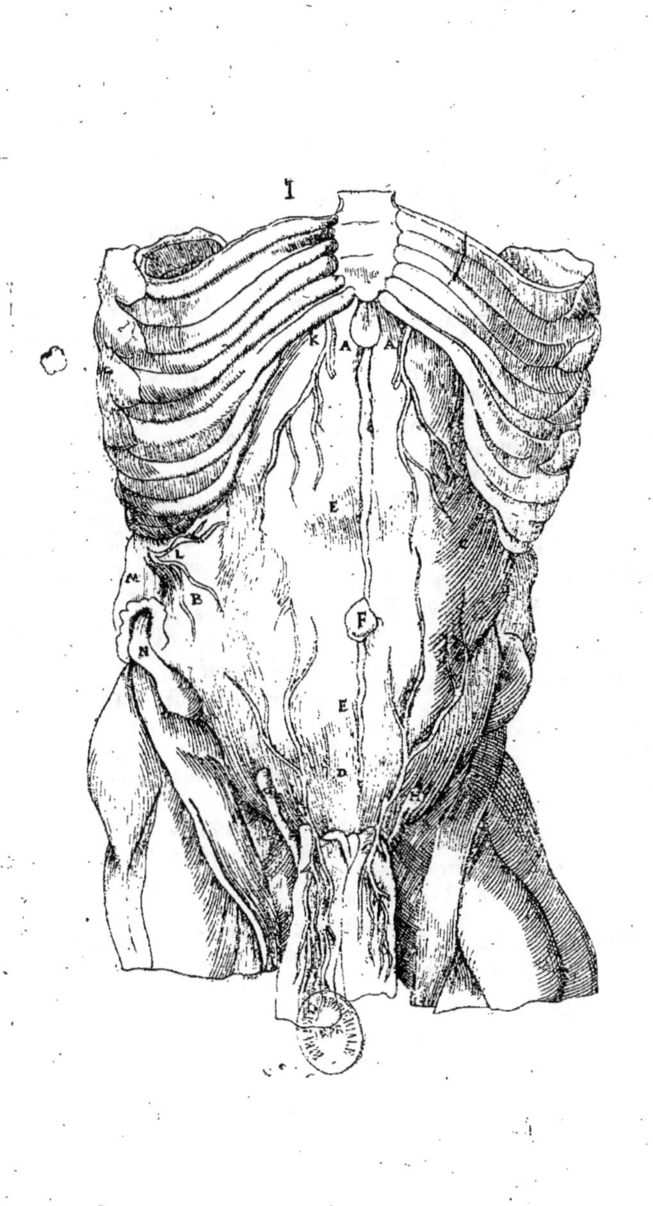
I
Z
K A A
E
M
L
B
N
F
E
E
D
H

Seconde figure.

LA Seconde figure reſemble de bien pres à la premiere quant à l'ordre de diſſection: car vous voyez icy le Peritone, party d'vne taille ou ligne droite depuis l'agu de *Os ancha*, iuſques à l'oz du Penil, ou *Os pubis*: en telle ſorte, que les vaiſſeaux du Nombril, ne ſont en aucune maniere endommagez. En apres d'vne taille trauerſante depuis le droit oz des reins iuſques à celuy du ſeneſtre, voit on icy les quatre coings du Peritone renuerſez de la partie anterieure vers le doz. Lors ſe deſcouure vne partie du Nombril, auec ſes vaiſſeaux, leſquelz parauant eſtoyent atachez au Perittone. Auſſi voys-tu icy vne partie du foye, de l'eſtomach & du gras Membrane, appelé *Omentum*, ou autremēt *Zirbus*, lequel enueloppe les entrailles, ſelon leur ordre & ſituation.

A B C D   Les quatre coings du Peritone renuerſé, tellement que ſa ſituation inteſrieure de la premiere partie du Peritone, ſe demonſtre, ſelon l'ordre de la diſſection.

E   Le Nombril oſté du Peritone.

F   La veine tendante du Nombril iuſques au foye.

G   L'entrée de la veine du Nombril en la concauité du foye.

H H   Vne partie du foye ſe monſtrant par ſa gibboſité.

I   Le lien principal dont le foye eſt lié au Diaphragme, qui eſt contre le coſté dextre de l'oz de ſa poitrine. Car ceſte partie que tu voys à la main gauche de la lettre I, eſt l'oz de la poitrine, cartilagineux, lequel reſemble à la pointe d'vne eſpée.

K   La droite artere procedante du Nombril vers la partie droite du fond de la veſſie, & tendante vers la grande artere.

L   L'artere tendante du Nombril, à la partie ſeneſtre de la veſsie & à la grande artere.

M   La voye par laquelle l'vrine de l'enfant eſt enuoyée depuis le fond de la veſsie, au ventre de la mere, iuſques en l'autre Pannicule, duquel l'enfant eſt enueloppé.

N   Le fond de la veſsie.

O   La conionction ou liaiſon du Peritone au fond de la veſsie.

P   La partie anterieure de l'eſtomach, laquelle n'eſt couuerte ne de l'Oment ne du foye.

Q Q Q Q   Le Membrane, appelé *Omentum* ou *Zirbus*.

R R   La veine & artere auec auſsi le nerf du droit coſté, leſquelz ſont adioints de la nature à la partie inferieure de l'eſtomach.

S   La veine, artere & nerf du coſté ſeneſtre, du fond de l'eſtomach.

T   A ceſt endroit s'aſſeblent les vaiſſeaux du coſté dextre auec ceux du coſté ſeneſtre.

X X   Les branchettes des veines & arteres coniointes à la toile ſuperieure de l'Oment, & enueloppée de greſſe.

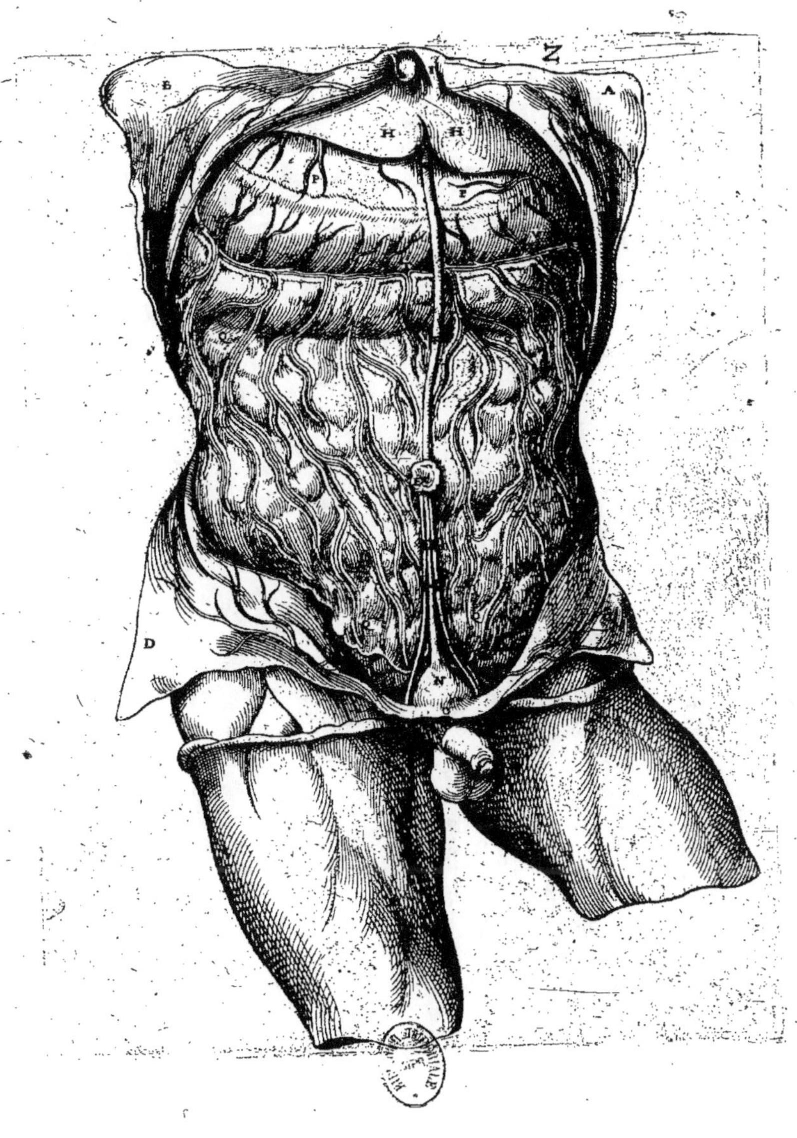

Z
B
A
H H
P F
C
D
N
O

Troisiéme figure.

LA troisiéme figure touchant la forme de l'incision resemble à la seconde, & monstre le Pannicule inferieure de l'Omēt ou de *Zirbus*, tiré & separé du Pannicule superieur, tellement, que la partie anterieure est renuersée & extédue sur la partie de deuant de la poitrine & de l'estomach. Aussi y voys-tu l'estomach constraint & poussé en hault vers la poitrine hors de son lieu naturel, à fin de tant plus apertement demonstrer la nature de la partie inferieure de l'Oment.

K L M   Par ces lettres sont demonstrées toutes choses en semblable maniere comme en la seconde figure:car le K, denote le droit artere du Nombril: L, l'artere senestre, M, la voye par laquelle l'vrine de l'enfant est enuoyée en son autre Pannicule. Toutes lesquelles choses, ensemble auec les arteres, tu voys icy se-

N O parées.   En apres N, demonstre la vessie: O, la conionction ou liaison du Peritone auec la partie anterieure de la vessie. Et en ceste figure ay couppé & separé les quatre coings du Peritone, qui en la seconde figure estoyent marquez par a b c d.

a a   Le dedens de la toile superieure de l'Oment, d'aucuns appelée l'Aile superieure; & est ainsi renuersée, à fin de assez à plain voir la toile inferieure, là ou la toile grasse se demonstre encore en son entier.

b b   Ceste place ainsi enflée est l'estomach couuert de la toile superieure de l'Oment,

c c   La toile inferieure du *Zirbus*, d'aucuns appelé l'Aile inferieure. En apres ceste partie eminente marquée des lettres c c, est le *Colon*, estendu iusques au fond de l'estomach, & vse de la toile inferieure du *Zirbus* ou Oment, comme du Misentere.

d   En cest endroit se demonstre la ratte enflée, combien qu'elle est couuerte du *Zirbus*, à quoy sert grandement la reluisante substance dudit *Zirbus*.

BIBLIOTHEQUE IMPR.

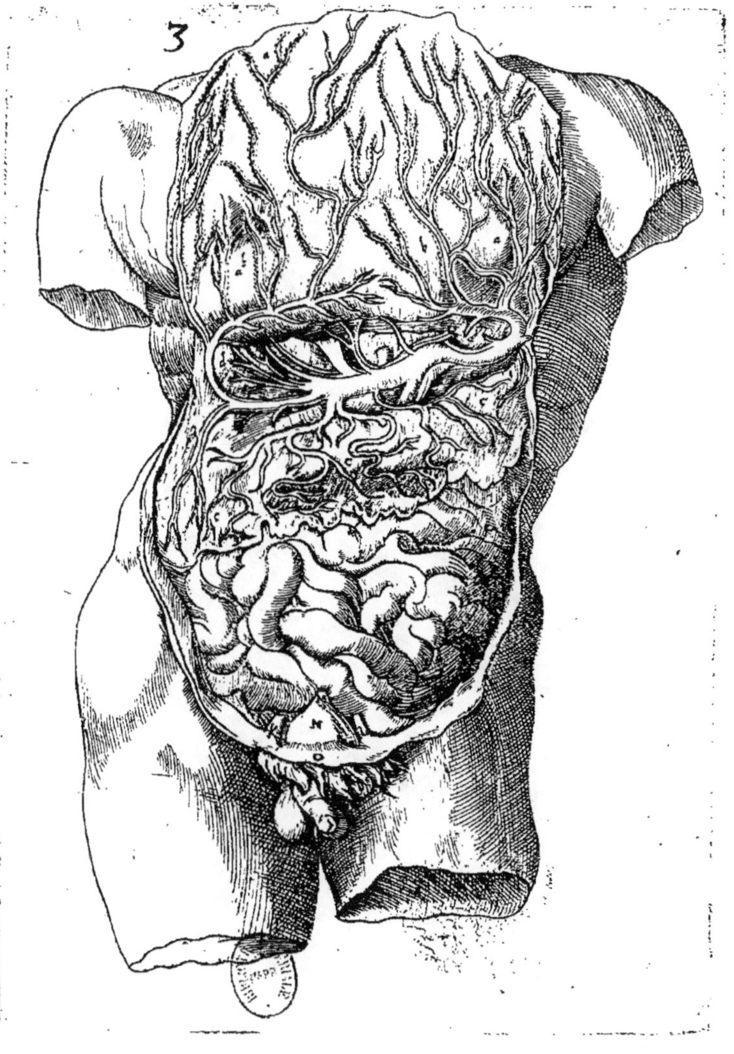
3

Quatriéme figure.

EN la quatriéme figure, laquelle quant à maniere de insection, s'approche à la tierce figure, sont demonstrées ces parties: le foye, l'estomach, & les entrailles, chacun en son endroit. Ayant toutefois premierement couppé & osté le *Zirbus* du lieu ou il sortoit de l'estomach, & dependoit totalement au *Colon*, à fin de voyr toutes choses plus à plain & plus parfaitement, en apres aussi à fin de mettre toutes parties plus apertement deuant les yeux, nous auons cassé, crocqué & renuersé ensemble auec le Peritone & Diaphragme aucunes costes, comme tu voys en la figure. Mais la vessie de ceste figure accorde auec celle de la seconde & tierce figure.

A   L'oz cartilagineux de la poitrine, resemblant à la pointe d'vne espée.

B B   Le Peritone renuersé, ensemble auec les costes rompues & le Diaphragme.

C   Le principal lien dont le foye est attaché au Diaphragme.

D D   La grande gibbosité du foye.

E   Vne partie de la veine du nombril inserée & plantée dedens le foye.

F F   La partie anterieure du foye.

G   La partie senestre de la rate.

N   Le commencement enflé du gros boyau.

O   L'intestin aucugle ou monocule, d'aucuns aussi appelé, Le sac.

N P Q R S T   L'intestin ou boyau *Colon*, est marqué par toutes ces lettres: si est-ce toutefois, que chacune d'icelles signifie quelque chose à part soy. Depuis le N. iusques au P, est signifié le *Colon*, tendant depuis le droit rein ou roignon iusques à la partie creuse du foye. Depuis le P, iusques au Q, est signifié le *Colon* tendant de la creuse partie du foye au fond de l'estomach, & s'estendant iusques au lieu de la rate. Depuis le Q, iusques à R, est demonstré le *Colon*, depuis le lieu de la rate iusques à l'oz du Penil ou *Os pubis* & s'estendant iusques à l'intestin appelé, *Ileon*. En apres depuis le R, iusques à S, est demonstrée l'eleuation & curuation du *Colon*, qu'il fait en tendant vers le lieu de l'estomach. Finablement depuis le S, iusques au T, est signifié la poursuite de ladite curuation iusques à l'intestin droit.

V V   La depression de l'intestin appelé *Colon*.

X X   Certaines gibbositées ou enfleures à deux costés du *Colon*.

Y   Le commencement de l'intestin droit; car en desouz est l'intestin droit ou le boyau du fondement.

e f   Deux arteres communes à l'enfant au ventre de sa mere.

g   A ceste marque tu vois le fond de la vessie, ensemble aussi la conduite par laquelle est iettée dehors l'vrine de l'enfant, laquelle ensemble auec lesdites arteres nous auons couppé & separé.

[Cachet de bibliothèque]

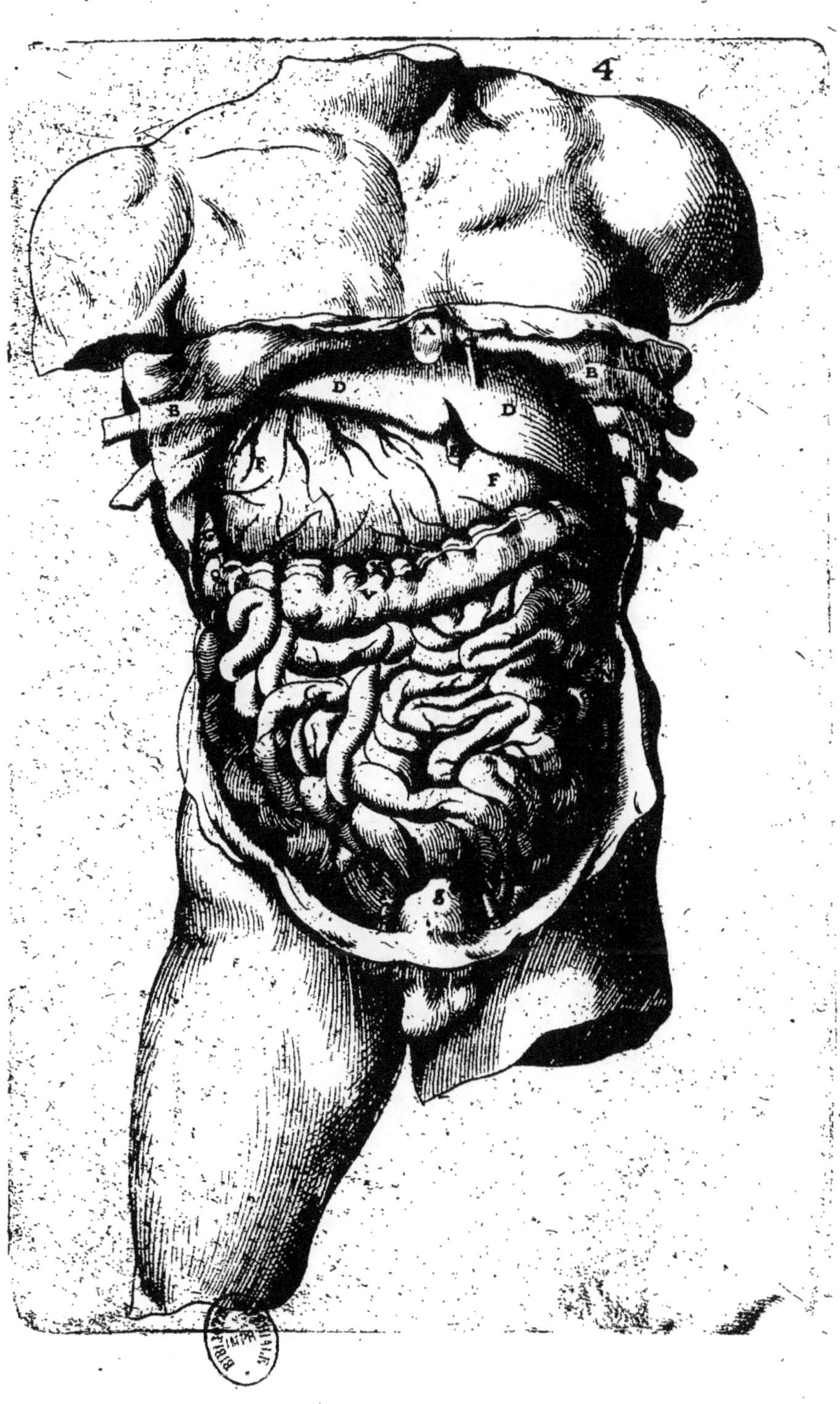

BIBLIA...

Cinqiéme figure.

A'FIN de mieux & au plus parfaitement que faire se peut, declarer & en-
seigner le lieu du Misentere, il est à noter, qu'il comprent icy les petits &
estroits intestins, lesquelz tu voys icy par tout separez à la main, & se demonstre
icy le milieu du Misentere.

ABCD   Les parties du Peritone, lesquelles apres l'ouuerture du ventre sont re-
pliées & poussées en arriere.

EEE   Les petits intestins.

F   L'intestin aueugle ou monocule.

GGG   L'intestin *Colon.*

H   Le commencement du droit intestin.

I   La vessie coniointe au Peritone, & principalement au mesme lieu, là ou le Peritone luy ameine l'autre Membrane ou Pannicule.

K   Le milieu du Misentere & la partie du doz, auquel le point milieu du Peritone
prent son commencement: lesquelz lient la grande artere, & la veine caue aux
Spondyles.

LL   La partie glanduleuse: qui de la nature est attribuée au poinct milieu du Misentere.

MM   Les glans subiects aux veines Meseraïques, lesquelz enuoyent lesdites Meseraïques aux intestins, & ce, par le Misentere.

BIBLIOTHEQVE IMPERIALE

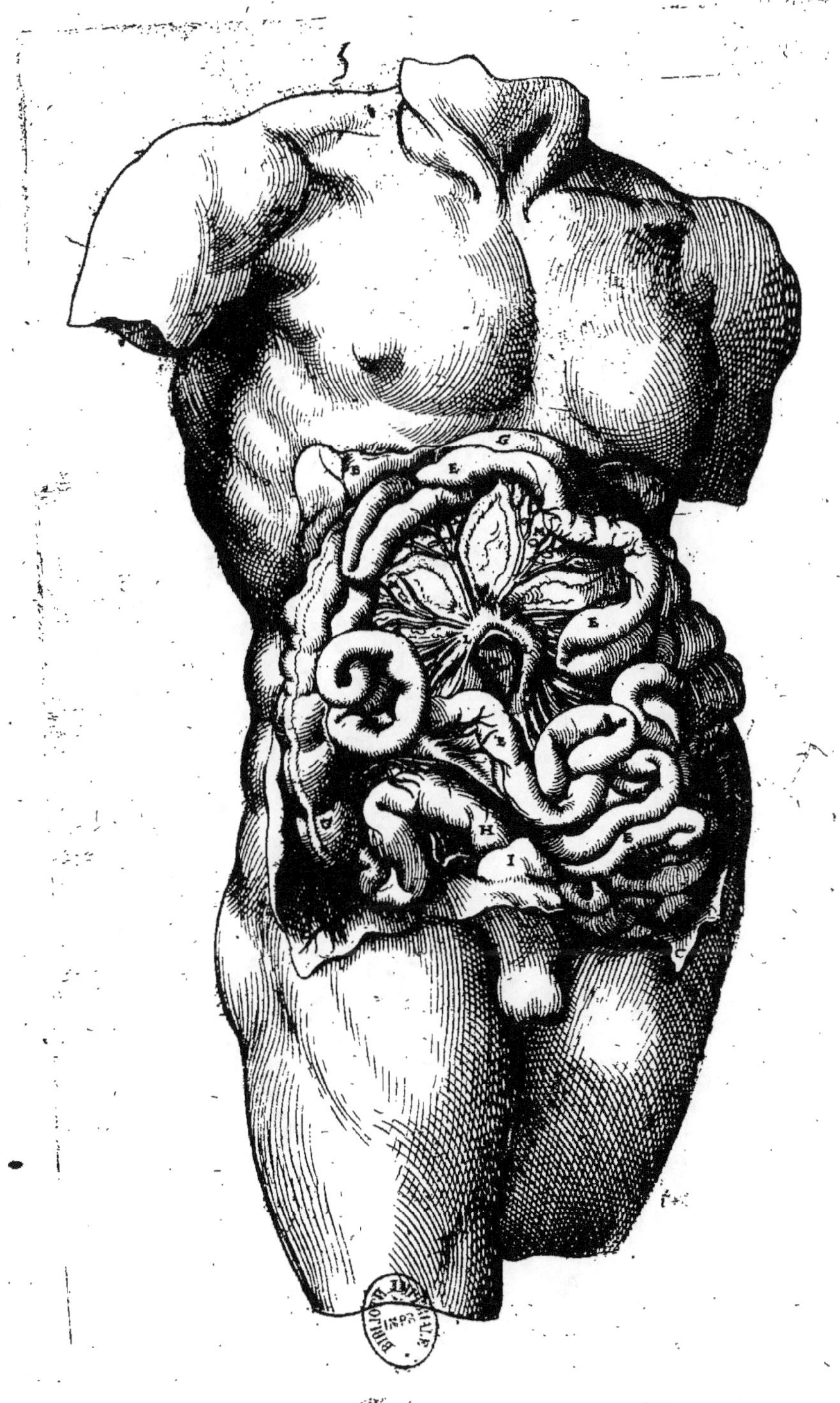

BIBLIOTHÈQUE NATIONALE

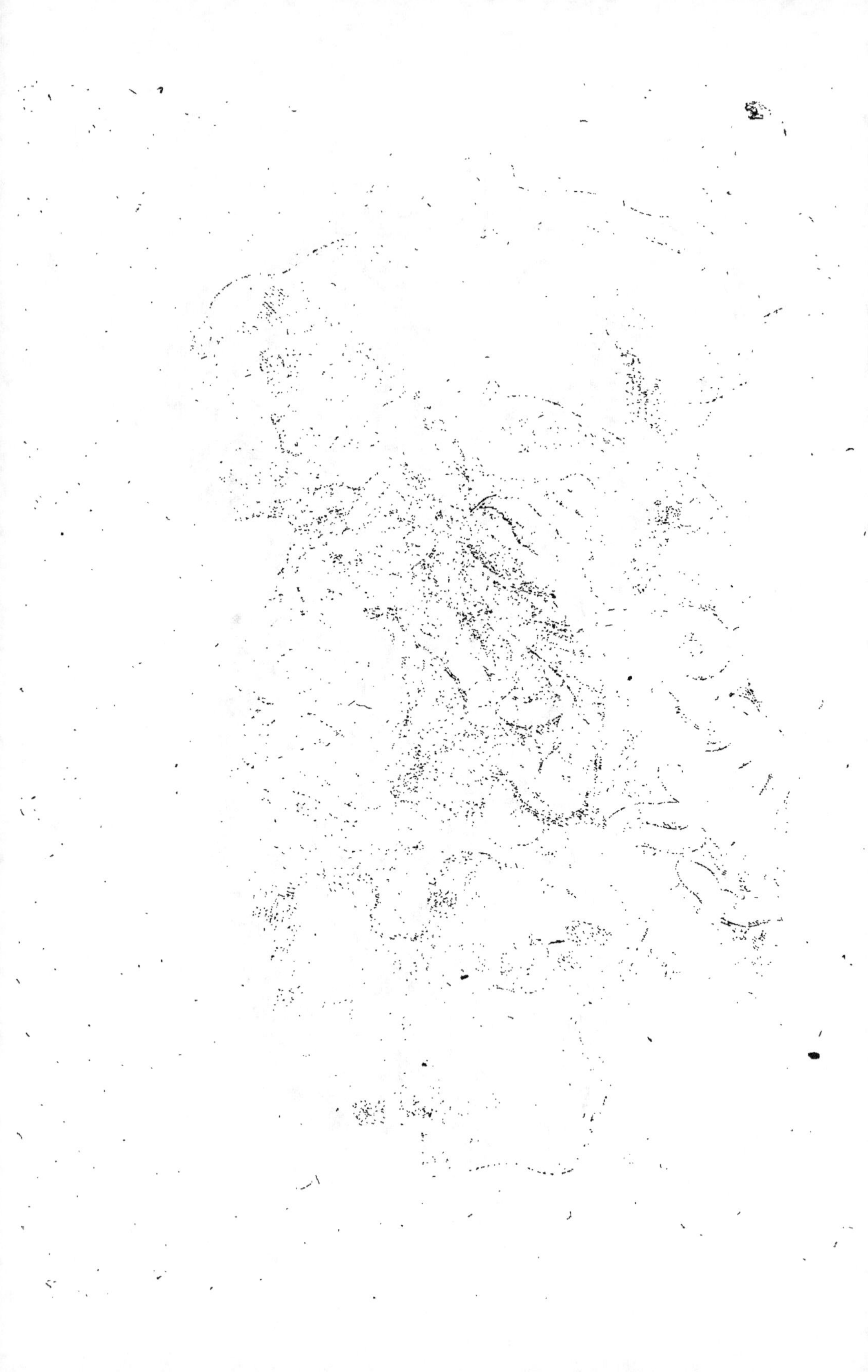

Sixiéme figure.

A'FIN de mieux & plus apertement voyr les vesiettes du fiel, auons nous icy renuersé le foye vers la poitrine.

HH   La partie du Peritone renuersée ensemble auec les costes.

IK   La concauité du foye.

L   Vne partie de la gibbosité du foye.

M   La diuision du foye au lieu ou la veine dont l'enfant prent sa norriture, est inserée.

N   La fente de la concauité du foye, pres l'origine & commencement de *Vena porta*. La lettre N. mise au plus hault lieu, & là ou elle est la plus prochaine du T. signifie le lieu, là ou la veine du Nombril est inserée en la concauité du foye, & là ou la veine Porte se rencontre. Or depuis la lettre M. iusques à N. est demonstré le pertuys par lequel la veine du Nombril est transmise iusques au lieu marqué de la lettre N.

O   Le lien qui conioint la partie senestre du foye au Diaphragme.

Φ   La fente emprainte au foye, & donne lieu au conduit de la viande au mesme lieu, ou elle est coniointe à *Meri*, ou Oesophage.

PQ   L'estomach.

R   L'orifice superieur de l'estomach, ensemble aussi les veines, arteres & nerfs qui enuironnent ledit orifice.

S   L'orifice inferieur de l'estomach, & le commencement du boyau appelé, *Duodenum*, ou Douzain.

T   Le nerf prouenant des nerfz qui enuironnent l'orifice superieur de l'estomach, & est finablement planté & inseré en la concauité du foye.

e   Le conduit de la vesie ou boursette du fiel, qui est inseré au bouyau, qu'on appelle, Le Douzain.

h   Le grand tronc de la veine Porte.

i i   La glanduleuse substance qui croist au Douzain, & entretient trescommodéement les vaisseaux qui luy sont adioustez.

k l m   Le Misentere mais chacune lettre denote quelque chose en particulier. Le *k*. signifie la diuision de la veine Porte du dextre, & grand tronc au Misentere. La lettre l, denote la substance glanduleuse au Misentere, proposée à la premiere diuision des vaisseaux. m, monstre la partie du Misentere, qui est totalement adioustée à l'intestin *Colon*, au lieu ou il va de la partie du rein dextre, iusques à la concauité du foye.

n   La veine, que est transmise desouz la partie de derriere du droit intestin, & là ou ledit intestin estend & distribue ses veines.

o   Icy voyez vous la partie superieure du fond de la vesie.

p   Ceste place enflée est le droit rein, qui est ccore enueloppé de sa grasse toillette.

q   La conduite de l'vrine venante du droit rein, & amenant l'vrine en la vesie.

r   La veine spermatique & artere du droit costé.

ſ   Le vaisseau que ameine la semence ou *Sperme* depuis le droit rein iusques au col de la vesie.

BIBLIOTHEQUE IMPERIALE

Septiéme figure.

CESTE figure quant à forme de dissection resemble à la sixiéme : sinon que nous auons osté de la presente tous intestins & entrailles, & y auons seulement laissé vne partie de l'estomach, qui demonstre la partie superieure ou l'orifice dudit estomach.

AA Vne partie du Diaphragme auec le Peritone & auec certaines costes renuersées contremont.   B B   La concauité du foye.

C   Le lien du foye, duquel sa partie senestre est aliée au Diaphragme.

D   La partie de la veine qui s'estend par le Nombril, iusques au foye. En apres se demonstre aussi la fente par laquelle ceste veine côme par vn pertuis se boute au lieu du foye, lequel tu voys icy marqué de la lettre G, guere loing de la lettre K, & illec s'espard en la substance du foye.

E   En cest endroit a le foye vne fente, à fin de pouuoir donner lieu à la conduite de la viande, là ou elle va par le Diaphragme à l'orifice superieur de l'estomach.

F   L'orifice superieur & vne piece de l'estomach.

G G   Certaines lignes ou impressions en la concauité du foye, au lieu ou il rend apertement la veine Porte.   H. La boursette ou vessie du fiel.

I   Icy est separée la veine Porte : mais la lettre I, denote aussi deux veines qui sont adioustées au fiel.

K   Le nerf du foye procedant des nerfz qui sont inserez en l'orifice superieur de l'estomach.

L   L'artere commune tant au foye comme à la vessie du fiel.

M   Le nerf qui prent son origine de la branche de la sixiéme paire des nerfz du cerueau, & est adioint aux racines des costes du droit costé : & est ce nerf commun tant au foye comme à la vessie du fiel.

N   Le conduit de la vessie du fiel qui descend aux boyaux se demonstre icy couppé & separé.

O O   La situation de la concauité du foye & de la partie anterieure de la rate.

P   La ligne de la rate en laquelle ses vaisseaux sont inserez.   Q   La veine caue.

R   Le grand artere vulgairement appelé Aorta.

S   Les racines des arteres qui s'espardent en l'estomach, foye, rate, Zirbus, Misentere, & finablement és boyaux.   T   Le rein du costé droit couuert de sa toille grasse.

V   Le rein senestre semblablement vestu de sa toille grasse.

X   La veine qui descent en la toille grasse du rein senestre.

Y   La veine qui vient en la toille grasse du rein dextre.

a   La veine & l'artere qui ameinent au droit rein le sang aqueux ou la matiere aqueuse.

b   La veine & l'artere qui s'estédent au rein senestre, vulgairement appelée Emulgentes, c'est à dire, tirans dehors. Ce que aussi se doyt entendre de ceux qui sont transmis au rein du costé dextre.

c c   La duité, par laquelle l'vrine est enuoyée du rein dextre iusques à la vessie.

d   Par ce conduit est enuoyée l'vrine du rein senestre à la vessie.

e   Vne veine spermatique tendante vers le testicule senestre.

f   La veine spermatique du droit testicule.

g g   Rameaux ou branchettes des veines spermatiques, là ou elles sont adiointes au Peritone, & en procedant sont enuoyées contre les testicules au Peritone.

h   L'artere spermatique qui va au droit testicule. i L'artere spermatique qui est attribué au testicule senestre. k La racine de l'artere qui s'estend en la partie inferieure du Misentere iusques au Colon & iusques au droit intestin. l Le lieu ou la gràde artere vient au dessus de la veine caue, & là ou ladite artere & la veine caue se partent en deux branches au dessus de l'oz sacré. m Les principales veines & arteres qui sortent des grands vaisseaux qui sont adioints à la chair des lombes & du Peritone. n Les branchettes de la grande artere qui vont iusques aux pertuis de l'oz sacré. o La partie du droit intestin couppé du Colon, & (comme c'est la coustume de faire) liée d'vn lien ou d'vn filet. p La vessie ou receptacle de l'vrine. q Vne partie du vaisseau spermatiq qui ameine la semance iusques à la verge, là ou elle se courbe pres l'oz sacré par desouz iusques au commécemét du col de la vessie.

r   La peau qui couure le membre viril.   f   La peau de bursa testiculorum.

t   Vne partie du Pannicule ou Membrane charneuse, resemblante de bien pres à la peau qui enuironne les testicules. v La peau du Peritone qui a prins sa naissance, là ou elle donne la conduite aux vaisseaux spermatiques : & celle cy est la peau exterieure des testicules, laquelle nous attribuons pour propre à chacun testicule.

x   Vne partie du membre viril à descouuert.

BIBLIOTHEQUE … IMPR."

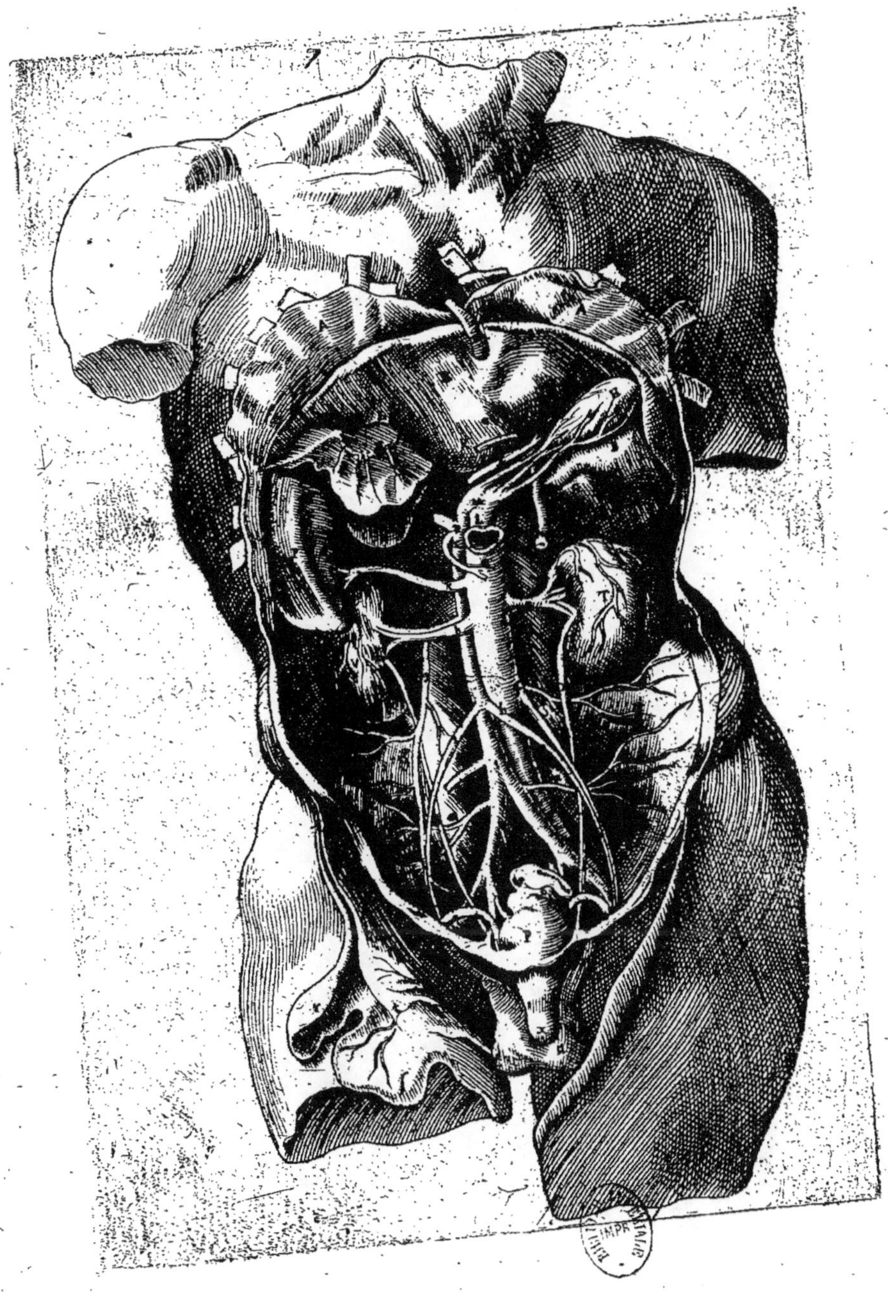

Huitiéme figure.

CESTE figure accorde fort quant à maniere de section à la septiéme: car icy se monstrent certaines costes rompues & renuersées contremōt, à fin de mieux pouuoir apperceuoir la gibbosité du foye, comme aussi la concauité a esté demonstrée en la septiéme figure. Icy voys tu aussi les reins separez de leur toile grasse.

a a   Vne partie du Peritone & vne partie du Diaphragme, & costes rompues renuersées contremont.   b b   La partie exterieure du foye.   c c   La concauité du foye.

d   Le principal lien du foye qui est pres le costé dextre de l'oz agu de la poitrine. Et est icy pour le plus separé de la partie anterieure du foye.

e   Le lien dont la partie senestre du foye est liée au Diaphragme.

f   Vne partie de la veine Porte & vne artere, & vn nerf qui vont vers le foye, ensemble aussi le conduit de la vessie du fiel qui meine aux boyaux, le tout lié ensemble & ainsi couppé.

g   La veine caue.   h. Le tronc de la grande artere qui s'estend par desouz vers les spondyles.

i   Le commencement de la veine qui va vers la toile grasse du rein senestre.

k   Racines des arteres qui s'estendent au boyaux & qui ameinent des branchetes à l'estomach, au foye, au fiel, à la rate, & finablement aussi à l'Oment.

l   Le commencement de la veine qui descend en la toile grasse du droit rein.

m   La veine & l'artere qui sont menées au rein du costé dextre.

n   La veine & artere qui apportent au rein senestre le sang aqueux.

o o   La toile grasse du droit rein, qui est ostée du costé anterieur du rein.

p p   La toile grasse du rein senestre semblablement osté de la partie anterieure, & encore pendant au Peritone, lequel prent icy son commencement.   q q   Les deux conduitz, à sçauoir le dextre & le senestre par lesquelz l'vrine est enuoyée des reins en la vessie.

t   La veine spermatique tendante iusques au droit couillon ou testicule.

v   Le commencement de la veine spermatique, qui procede iusques au droit testicule.

x   La veine spermatique du testicule senestre.   y   Vne petite veine qui sort de la veine caue & coniointe auec la veine spermatique du costé senestre.

α   L'origine de l'artere spermatique.   β   Branchettes, lesquelles les veines spermatiques distribuent au Peritone, auquel elles sont coniointes, & descendent iusques à l'oz du Penil.

γ   L'artere & veine spermatique du costé dextre.

δ   La conionction de la veine & de l'artere spermatique.

ſ   Le testicule ou le couillon, couuert de son Panniculé interieur.

ϰ   Le commencement qui porte la semence des testicules.

ι   Le lieu ou le vaisseau qui porte la semence commence à se partir du testicule.

ϰ   Icy voys-tu le vaisseau qui porte la semence sans aucune forme de conionction, mais est enuoyée en hault toute ronde en maniere d'vn nerf.

ν   La vessie ou le receptacle de l'vrine.

ξ   La partie glanduleuse adherante au commencement du col de la vessie: & reçoyt l'implantation des vaisseaux seminaires.

ρ   Le rond Muscle qui enuironne le col de la vessie.

σ τ.   Les deux parties qui forment la verge virile, souz lesquelz la partie senestre du commencement d'yceluy est separée.

υ   L'ordre des veines, arteres & nerfz qui vont à la verge virile.

φ χ   Le premier, principal & exterieur Pannicule du testicule, procedant du Peritone.

ψ   Le Muscle du testicule accroissant audit Pannicule.

ω   Icy voys-tu le septiéme Muscle qui donne mouuement à la couille.

*   La partie du droit intestin qui demeure au corps, quant tous les autres en sont ostez.

BIBLIOTHEQUE IMPR.

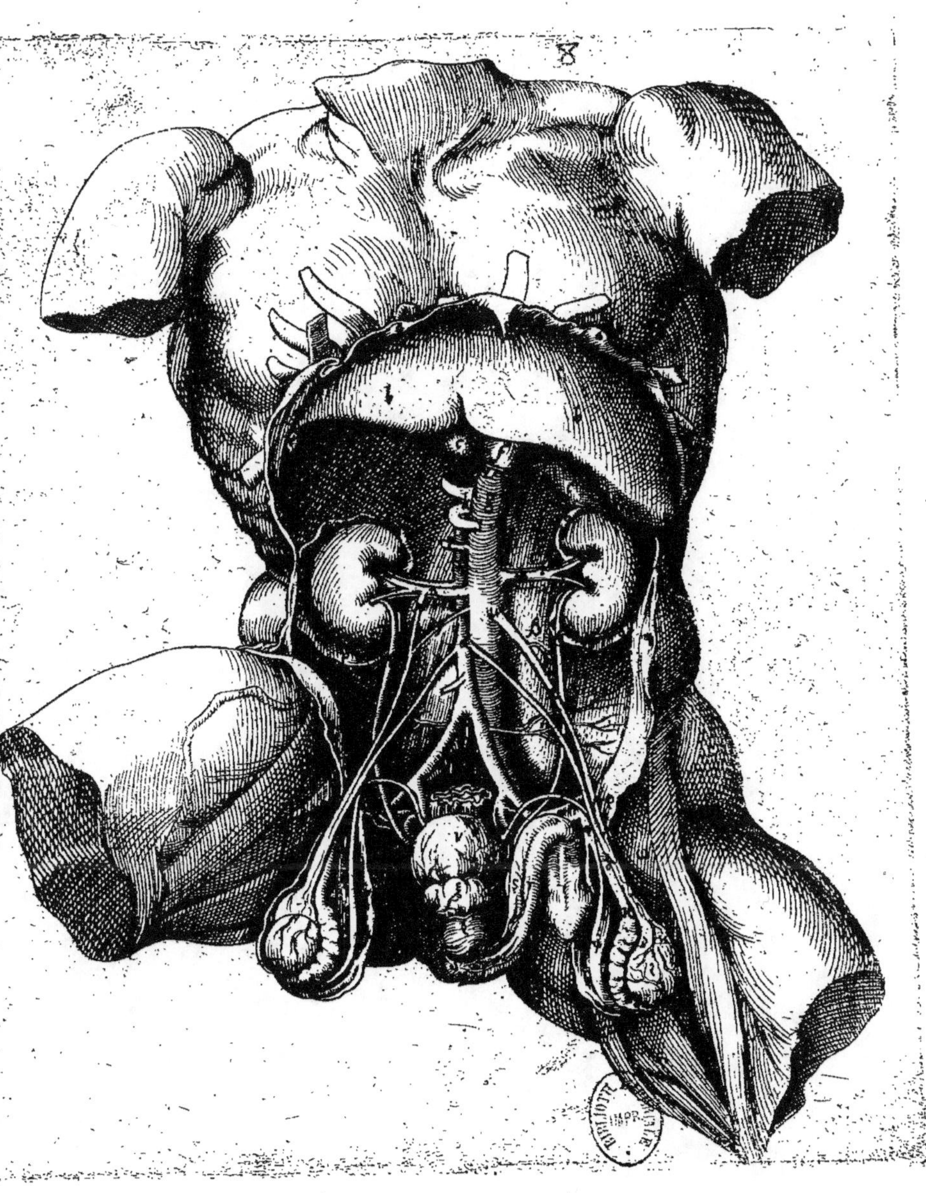
8

Neufiéme figure.

EN ceste figure est demonstrée la figure du corps fœminin, auquel tous les boyaux sont ostez & separez du Misentere. Sinon que l'intestin droit y est encore laissé: ensemble aussi tout le Misentere, les Pannicules duquel nous auons icy en partie separé les vns des autres, à fin de mieux pouuoir cognoistre la nature du Misentere.

A B C D   La partie anterieure du dedens du Peritone.

E E   Vne partie du Misentere, là ou elle lie les petits boyaux au doz.

F F   Par ces lettres est signifiée l'vne des Pannicules du Misentere, separée de l'autre

G G   qui est marquée de G G.

H H   A' ceste partie du Misentere estoit attaché le *Colon*, là ou il estoit le plus prochain du droit intestin.

I   A' cest endroit estoit le commencement de l'intestin *Colon*, ou ses adherents & adnaissants auec les petits intestins, & l'intestin monocule ou aueugle.

K   Le commencement du droit intestin, là ou le *Colon*, prenoit sa fin, est icy separé.

L   Le premier lieu du fond de la matrice, de laquelle rien n'est separé.

M   Le testicule dextre de la femme.

N   Le testicule senestre de la femme.

O O   Le Pannicule qui a sa deriuation de la partie dextre du Peritone.

P   De ce lieu sortent au Pannicule predit certaines fibres charneuses, qui font le droit Muscle de la matrice.

Q Q   Par ces lettres est signifié le Pannicule du costé senestre, lequel accorde auec ce qui estoit marqué des lettres O O.

R S   La partie anterieure du col de la matrice.

T   La vessie, de laquelle la partie de derriere se voyt pour le plus.

V   Vne partie du Nombril, laquelle en faisant l'insection, est separée du Peritone, & puis repliée par embas.

X   Vne partie de la veine qui procede depuis le Nombril iusques au foye.

Y   Le conduit tendant depuis le fond de la vessie iusques au Nombril, lequel porte l'vrine de l'enfant à la Secondine, vulgairement appelée, L'arrier fais.

Z &   Deux arteres tendentes depuis le Nombril és costez iusques aux branches de la grande artere.

BIBLIOTHEQUE IMPR.

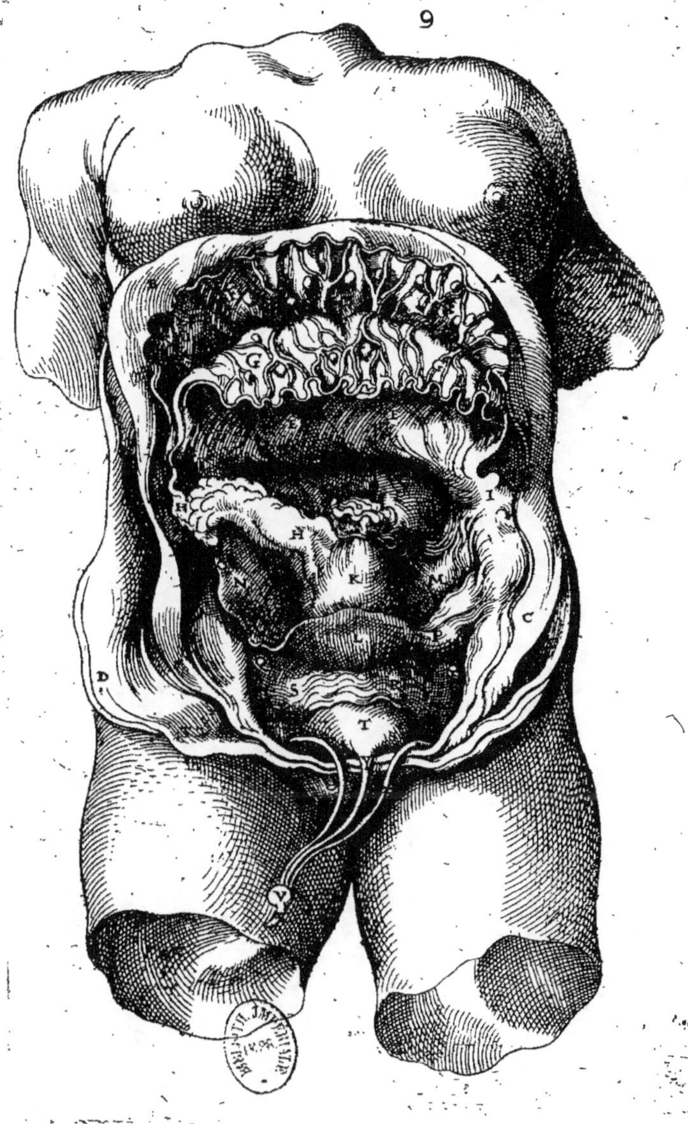
9
A
G
E
H
H
I
C
Z
K
M
L
P
C
D
S
T
X

Dixiéme figure.

NOVS auons ofté la peau de la poitrine de cefte prefente figure, à fin que au mieux que pofsible eft foyt demonftrée la nature & fituation de la poitrine : en apres nous auons ofté l'eftomach, le Mifentere, les boyaux & la rate, & n'y auons rien laiffé que le droit inteftin, comme en la neufiéme figure precedente.

A A Les veines qui vont à la poitrine, & font de celles qui font attribuées à la peau qui couure lefpaule. B La veine procedante des veines qui par les aixelles viennent iufques és mains.

C Le principal corps de la poitrine.

D D Les glandz & la greffe qui couure tout le corps glâduleux, & eft adioinre par la lettre C.

E F G H La partie interieure du deuant du Peritone.

I K Les parties des veines & arteres qui viennent fouz l'oz de la poitrine.

L La gibbofité du foye. M La concauité du foye, qui fe demonftre icy en partie.

N La partie de la veine qui procede du Nombril iufques au foye.

O La branche de la veine Porte, qui eft icy couppée enfemble auec les vaiffeaux qui luy eftoyent addreffez. P La vaine caue. Q La grande artere Aorta.

R La racine des arteres qui vont en l'eftomach, au foye à la rate, Mifentere & aux boyaux.

S Le commencement de la veine qui eft enracinée en la toille graffe du rein fenestre.

T La veine & l'artere qui aporte au rein du cofté dextre l'humidité aqueufe.

V La veine & l'artere qui aporte au rein fenestre l'humidité aqueufe.

X Le commencement de la veine qui s'en va à la toille graffe du rein du cofté dextre.

Y La partie anterieure du rein dextre. Z La partie anterieure du rein fenestre.

a a La conduite du rein dextre qui meine l'vrine iufques en la veffie, & eft couppée enuers la lettre a, qui eft au lieu inferieur, mais la partie fuperieure de cefte conduite qui eft pres la vef-

b fie, eft marquée par la lettre b.

c c La conduite qui meine l'vrine du rein fenestre à la veffie.

d d La droite veine fpermatique, le commencement de laquelle eft demonftré par le d, d'enhaut.

e La veine fpermatique qui va au tefticule du cofté fenestre.

f Le commencement de l'artere fpermatique.

g La droite artere fpermatique. h L'artere fpermatique du cofté fenestre.

i k l La partie anterieure du fond de la màtrice, & la lettre i, fignifie le rectangle obtuz du cofté dextre du fond de la matrice, mais le k, denote ceftuy du cofté fenestre, la lettre l, vous monftre la fituation de la matrice, là ou eft l'orifice de la matrice & la ou commence le col de la matrice. m L'inteftin droit.

n La partie de la veine & artere fpermatique tendante à la partie du fond fuperieur de la matrice.

o Les parties des veines & arteres fpermatiques qui vont aux tefticules, & venants enfemble par embas font vn corps s'elargiffant par embas.

p Le p. fignifie le fond dudit corps qui eft adioint aux tefticules.

q Dudit corps procedent tels vaiffeaux iufques aux Pannicules ou membranes des tefticules, qui lient les tefticules au Peritone.

r La fituation de la partie anterieure des tefticules.

f Le commencement du vaiffeau qui meine la femence des tefticules iufques à la matrice.

t t Le repliement du vaiffeau fpermatique autour le tefticule.

v La conduite du vaiffeau fprematique iufques à la matrice.

x x Le col de la matrice. y Les vaiffeaux qui fe enracinent en la partie inferieure du fond de la matrice & au col d'icelle. α Cefte veine va iufques à la veffie des veiffeaux qui font leur operation par le col de la matrice, & demonftre auffi la mefme lettre l'implantation du conduit de l'vrine. α β La partie de derriere du fond de la veffie. γ Le Mufcle du col de la veffie. Δ En ceft endroit eft inferé le col de la veffie au col de la matrice.

ε La chair Panniculeufe du col de l'orifice de la matrice.

ʃ La racine des arteres qui vont iufques au fond du Mifentere.

z Les vaiffeaux montants des veines & arteres : qui montent iufques à l'oz de la cuiffe, & en apres iufques aux Mufcles du ventre.

BIBLIOTHÈQUE IMPR.

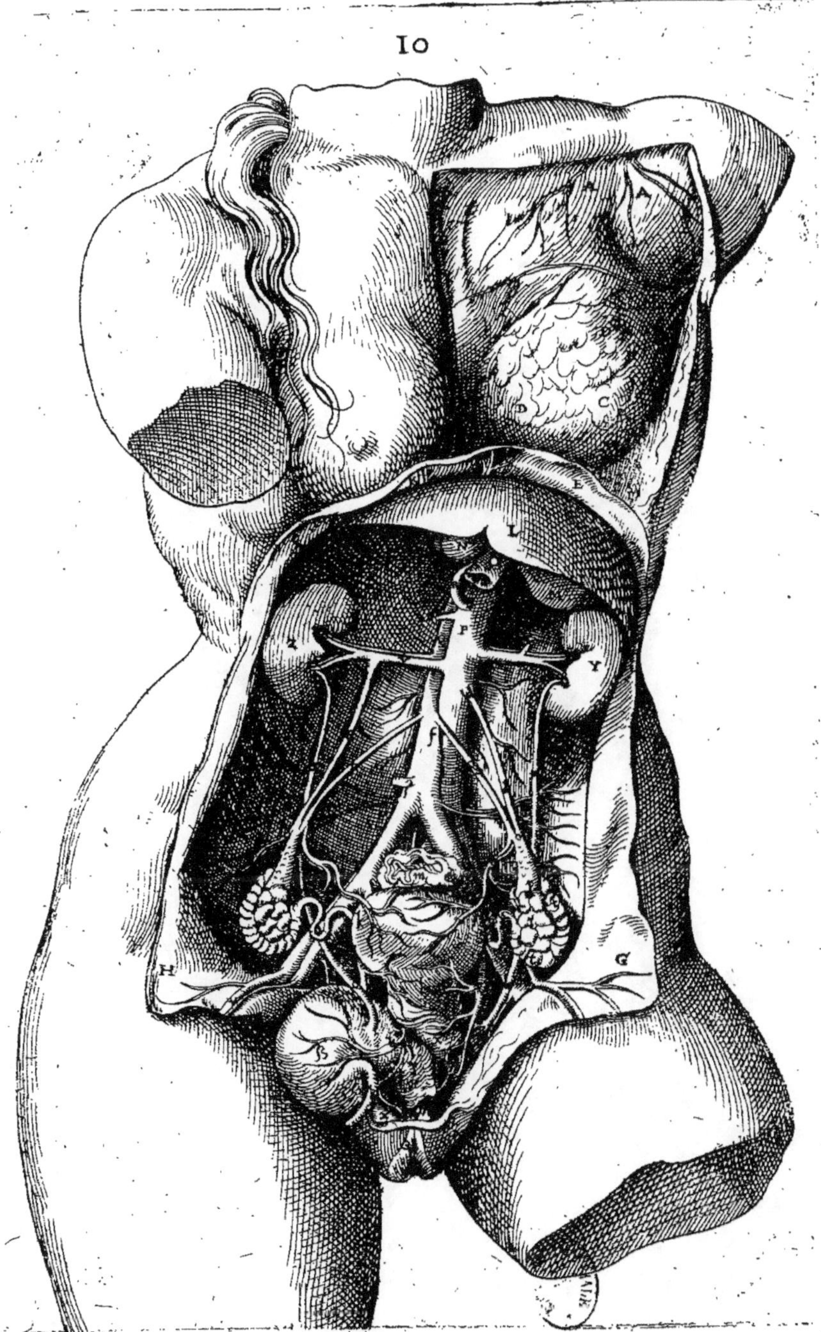
10

Onziéme figure.

CESTE presente figure nous démonstre le costé senestre d'vn homme cou-
chant sus son doz, aussi grand qu'il est, sufisant assez pour demonstrer la
poitrine,

AA   Les oz cartilagineux des costes du costé senestre, auec aussi l'oz de la poitrine
poussé contremont à la main droite.

BB   Les Muscles qui sont entre les costes, & qui prennent leur lieu & place entre
les oz cartilagineux,

CC   Les oz des costes ostés & separés des cartilages,

DD   Les Muscles entre les costes qui emplissent la place vuïde entre les oz.

E   Icy voys-tu l'oz fourchu, appelé *Furcula*, tout nud & en son vray lieu.

F   L'ordre des veines, arteres & des nerfz qui se boutent és aixelles,

G   La veine exterieure du col qui incontinent se remonstre quand la peau est ostée.

HH   Le Pannicule senestre qui discerne la largeur de la poitrine, laquelle on voit à
sa partie senestre, & laquelle aussi demonstrent les lettres L M N O.

II   Le Diaphragme qui se remonstre icy par tel endroit duquel il regarde la partie
senestre,

K   Le lieu pres lequel souz les Pannicules qui partissent la poitrine, la partie senestre est coniointe au Diaphragme,

L   Ceste partie enflée procede du cœur d'autant au costé senestre. Car le mesme
cœur est comprins en son Panniculeduquel il est enueloppé, & s'estend plus vers
la dextre que vers la senestre,

MN   La veine & l'artere qui s'estendent vers le costé senestre de l'oz poitrinal, &
ameinent plusieurs petits rameaux au Pannicule senestre, qui diuise la poitrine.

OO   Les rameaux des veines & arteres qui s'estendent pres le costé senestre de l'oz
poitrinal depuis l'oz fourchu iusques au ventre.

PP   Le nerf senestre du Diaphragme, lequel est adjoint au lieu descouuert du Pannicule qui diuise la poitrine,

Q   La veine qui principalement s'espand par embas depuis l'oz fourchu auec les
nerfz du Diaphragme, & donne aucunes branchettes au Pannicule qui diuise
la poitrine.

R S T V   Vne partie du poulmon, qui est comprins en la concauité du costé senestre de la poitrine.

[Cachet de bibliothèque]

II

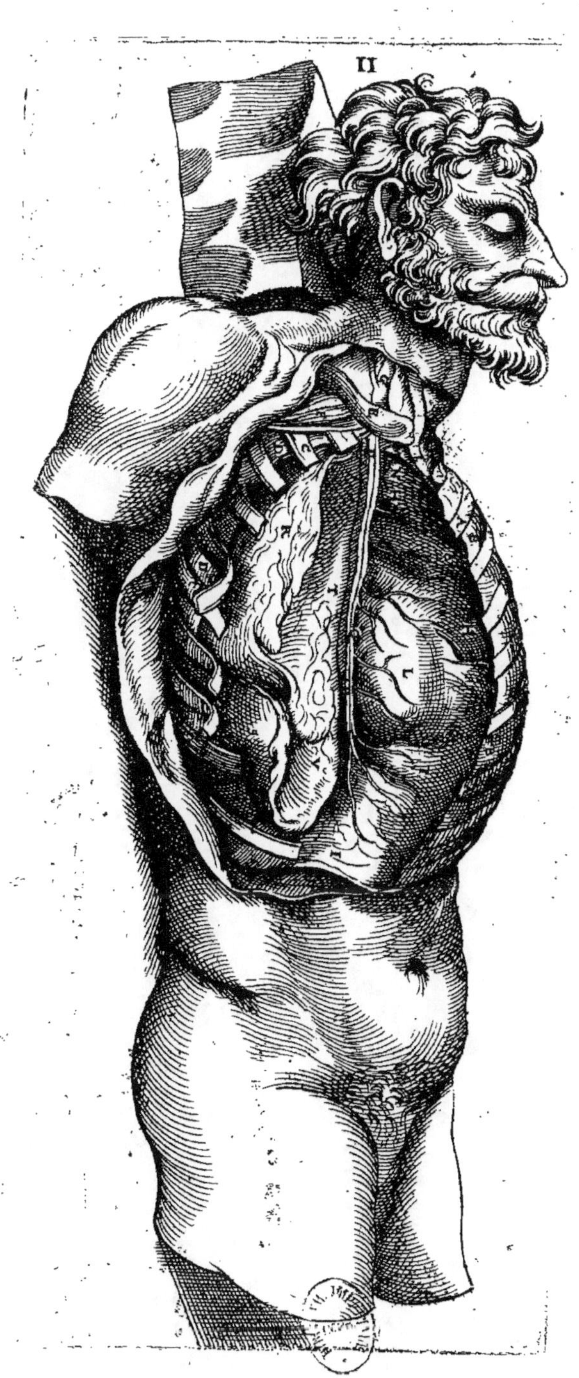

Madame
Madame Casenave

www.ingramcontent.com/pod-product-compliance
Lightning Source LLC
Chambersburg PA
CBHW051732050726
47598CB00003B/1151